BEI GRIN MACHT SICH IHR WISSEN BEZAHLT

- Wir veröffentlichen Ihre Hausarbeit,
  Bachelor- und Masterarbeit

- Ihr eigenes eBook und Buch -
  weltweit in allen wichtigen Shops

- Verdienen Sie an jedem Verkauf

Jetzt bei www.GRIN.com hochladen
und kostenlos publizieren

Bibliografische Information der Deutschen Nationalbibliothek:

Die Deutsche Bibliothek verzeichnet diese Publikation in der Deutschen National-
bibliografie; detaillierte bibliografische Daten sind im Internet über http://dnb.d-
nb.de/ abrufbar.

Impressum:

Copyright © 2013 GRIN Verlag, Open Publishing GmbH
Druck und Bindung: Books on Demand GmbH, Norderstedt Germany
ISBN: 9783656574422

Dieses Buch bei GRIN:

http://www.grin.com/de/e-book/266816/bruch-und-prozentrechnung-im-mathema-
tikunterricht-daz-foerderung

Keven Lass

Bruch- und Prozentrechnung im Mathematikunterricht (DaZ-Förderung)

Deutsch als Zweitsprache in der Schule

GRIN Verlag

GRIN - Your knowledge has value

Der GRIN Verlag publiziert seit 1998 wissenschaftliche Arbeiten von Studenten, Hochschullehrern und anderen Akademikern als eBook und gedrucktes Buch. Die Verlagswebsite www.grin.com ist die ideale Plattform zur Veröffentlichung von Hausarbeiten, Abschlussarbeiten, wissenschaftlichen Aufsätzen, Dissertationen und Fachbüchern.

Besuchen Sie uns im Internet:

http://www.grin.com/

http://www.facebook.com/grincom

http://www.twitter.com/grin_com

Keven Lass
DE- 10117 Berlin
Humboldt-Universität zu Berlin

Hausarbeit

DaZ-Förderung im mathematisch-naturwissenschaftlichen Fachunterricht

im DaZ-Aufbaumodul (Sommersemester 2013)
des Master of Education (2) Studiengangs
an der Humboldt-Universität zu Berlin

Bruch- und Prozentrechnung im Mathematikunterricht unter Berücksichtigung von DaZ-Förderung.

Berlin, den 01.07.2013

Inhaltsverzeichnis

1. Einleitung

Sprachliche Handlungen stellen ein Grundelement von schulischem Unterricht dar. Ein Unterrichtsfach ohne Sprachhandlungen in jeglicher Form wäre nicht denkbar. Oftmals wird die These vertreten, dass das Schulfach Mathematik nur aus Rechnen und mathematischen Handlungen besteht. Es ist jedoch festzustellen, dass für jedes Unterrichtsfach sprachliche Kompetenzen notwendig sind. Somit ist jeder Unterricht mit seinen sprachlichen Bestandteilen nicht nur ein Fachunterricht, sondern gewissermaßen auch ein Sprachunterricht.

Im Zuge dieser Ausarbeitung wurde aus dem Berliner Rahmenlehrplan eine Thematik ausgewählt, zu der eine Sequenz von vier Übungseinheiten konzipiert wurde. Dies geschah im Rahmen der „DaZ-Förderung im mathematisch-naturwissenschaftlichen Fachunterricht". Mit Hilfe der konzipierten Unterrichtseinheiten sollen die behandelten Thematiken allen Schülerinnen und Schülern gleichermaßen zugänglich gemacht werden, unabhängig von deren individuellen sprachlichen Kompetenzen.

Des Weiteren sollen die sprachlichen Kompetenzen unterstützt und neben den fachlichen Kompetenzen gefördert und ausgebaut werden. Die konzipierten Übungen berücksichtigen damit nicht nur Migrationsschülerinnen und -schüler, sondern auch Schülerinnen und Schüler mit einem Sprachförderbedarf im Allgemeinen.

Es wurde das Thema der Bruch- und Prozentrechnung gewählt, da bei dieser Thematik der fachliche Zusammenhang beider Themen besonders wichtig ist. Die Bruchrechnung ist ein grundlegender Bestandteil der Mathematik und wird bis zum Abschluss der Sekundarstufe II benötigt, da viele Themengebiete das Wissen der Bruchrechnung implizieren.

Insbesondere für die Prozent- und Zinsrechnung ist das Verständnis von Bruchzahlen notwendig, da hier eine thematische Vernetzung stattfindet. Inhaltlich gliedert sich die Bruch- und Prozentrechnung in den Berliner Rahmenlehrplan Mathematik der Sekundarstufe I ein. Unter der Leitidee „Zahl" wird diese Thematik gesondert erwähnt und als Standardkompetenz für das Ende der Klassenstufe 8 festgesetzt.[1] In der Leitidee „Funktionaler Zusammenhang" wird ebenfalls auf die Prozentrechnung verwiesen. Dies verdeutlicht die Bedeutung dieser Lerneinheit, da die Thematik in zwei Leitideen Anwendung findet.

---

[1] Vgl. Senatsverwaltung für Bildung, Jugend und Sport Berlin (Hrsg.) (2006): Rahmenlehrplan für die Sekundarstufe I, Jahrgangsstufe 7-10, Mathematik, S. 15 und 18.

Durch die konzipierte Lerneinheit soll das folgende Lernziel erreicht werden: „Die Schülerinnen und Schüler verstehen den „von"-Begriff im Zusammenhang mit der Bruchrechnung und erfahren ein Lösungsschema für Aufgaben zur Prozentrechnung."

Um die Übungen abwechslungsreich zu gestalten wurden mehrere Sprachschwerpunkte gewählt, um zusätzlich zu den fachlichen Inhalten verschiedene Sprachhandlungen innerhalb des Mathematikunterrichts zu fördern, zu festigen sowie auszubauen. Die erste Übung wurde zum Thema Satzbildung erstellt. Das zweite Aufgabenblatt dient schwerpunktmäßig als Wortschatzübung. In den darauffolgenden Übungen 3 und 4 soll das Erstellen von Texten gefördert werden.

2. Planungsskizze mit Sprachhandlungen

Zeit (ca.)	Inhalte	Sprachhandlungen	Notizen
	- Begrüßung der SuS		
	- Einstieg: Wiederholung Bruchzahlen: SuS nennen beliebige Bruchzahlen, welche an der Tafel gesammelt werden	Nennen (mündlich)	- Dient zur Aktivierung von Vorwissen
	- Übungsphase I: SuS bearbeiten Übung 1, 1. Aufgabe	Ordnen (schriftlich)	
	- Ggf. Klärung des Begriffs „aufsteigend" bei Nachfragen → Synonyme finden, Beispiele geben	Fragen (mündl.)	
	- Besprechung der Ergebnisse von 1.	Berichten, Begründen, Besprechen (mündl.)	
90 Min.	- Übungsphase II: SuS bearbeiten Übung 1, 2. Aufgabe	Formulieren, Lösen (schriftl.)	- Um später die Verbindung von Bruchzahlen und Prozentrechnung thematisieren zu können, kommt dem „von"-Aspekt eine wichtige Bedeutung zu.
	- Ggf. Binnendifferenzierung bei Satzbildung durch Vorgabe einer Tabelle: 	„Von"	Anzahl	Gegenstand	„ist"/ „sind"	Bruchzahl	„voll"/ „leer"/ ...	 	Von	zehn	Gläsern	ist	1/5	leer.	 	Von	einem	Kuchen	ist	1/2	übrig.			- SuS erkennen dabei den „von"-Begriff in Verbindung mit der Multiplikation.
	- Besprechung der Ergebnisse/ Ergebnissicherung	Verallgemeinern, Begründen (schriftl. u. mündl.)	
	- Einführung der Formel für Prozentrechnung durch die Lehrkraft: mit Hilfe eines Beispiels an der Tafel werden Variablen den zugehörigen Größen zugeordnet. → **Verabschiedung/ Ende der Unterrichtseinheit**	Formulieren, Erklären (mündl.)	

	- Begrüßung der SuS	Formulieren und Lösen (mündlich und schriftlich)	- Vorwissen soll aktiviert u. Erkenntnisse der letzten Stunde wiederholt werden
	- Einstieg: SuS sollen wiederholend zur letzten Übungseinheit eine eigene Aufgabenstellung zur Prozentrechnung mit Hilfe des „von"-Aspekts mündlich formulieren → drei Vorschläge an der Tafel sammeln und gemeinsam lösen.		
	- Übungsphase I: SuS erhalten die Übung 2 zur Prozentrechnung und sollen die Aufgabenstellungen lesen. Im Anschluss soll angekreuzt werden, welche Größe gesucht ist. → Fachwörter Prozentsatz, Prozentwert und Grundwert sollen verinnerlicht werden. Im Anschluss formulieren die SuS eigene Definitionen.	Lesen, Ankreuzen, Formulieren, Definieren (schriftlich)	- SuS werden durch die Aufgaben schrittweise dazu angeleitet, eigene Definitionen für die Fachwörter zu formulieren
45 Min.	- Präsentation der Ergebnisse: Einzelne Definitionen werden vorgelesen, jedoch noch nicht kommentiert → Lehrkraft gewinnt Eindruck, ob Begriffe schon gut verstanden wurden.		
	- Falls ja (V1): Übungsphase IIa: SuS erarbeiten 3. Aufgabe von Übungsblatt 2 → dient der Ergebnissicherung; SuS vergleichen selbständig formulierte Definitionen mit den vorgegebenen Definitionen → Diskussion offener Fragen.	Lesen (schriftl.) Ergänzen (schriftl.), Vergleichen, Diskutieren (mündl.)	- Mit Hilfe der zwei Varianten (V1) u. (V2) ist es möglich, spontan differenziert auf Situation zu reagieren, je nachdem, ob die Fachbegriffe schnell oder weniger schnell erfasst wurden
	- Falls nein (V2): Übungsphase IIb: Gemeinsame Erarbeitung von Aufgabe 3a) des Übungsblattes 2→ alle SuS ergänzen die richtigen Definitionen, um die Lösungen zur Bearbeitung von Aufgabe 3b) nutzen zu können.	Nennen (mündl.) Ergänzen (schriftlich)	
	- Ergebnissicherung; SuS vergleichen eigene und gemeinsam erarbeitete Definitionen → ggf. Diskussion offener Fragen	Vergleichen, Diskutieren (mündl.)	

	- Nach der Ergebnissicherung der Fachbegriffe soll im Folgenden eine Struktur erarbeitet werden, die das Lösen von Prozentrechenaufgaben erleichtert.		
	- Einführung: Aufgabe 1 der Übungseinheit 3: SuS kommentieren schrittweise einen vorgegebenen Lösungsweg.	Kommentieren (schriftl.)	- Für SuS mit Sprachförderbedarf dient Hilfestellung dazu, das math. Verständnis der Aufgabe zeigen zu können, auch wenn Schwierigkeiten bei den Formulierungen auftreten würden.
	- Ggf. Binnendifferenzierung; Hilfestellung auf der Rückseite, die mögliche Kommentare (unsortiert) vorgibt.		
	- Besprechung der Ergebnisse im Plenum	Vergleichen (mündl.)	- Für SuS mit guten sprachlichen Kompetenzen besteht Möglichkeit, selbständig zu formulieren u. im Anschluss die Kommentare zu vergleichen
	- Übungsphase: Erarbeitung der Übung 4: Wissen aus vorher gelöster Aufgabe 1 soll verwendet werden, um ein Schema zur Lösung von Prozentrechenaufgaben zu erkennen → aus einem Beispiel soll schrittweise eine Art „Kochrezept" erstellt werden.	Erstellen (schriftl.)	
	- Ggf. Binnendifferenzierung durch Hilfestellung (Rückgriff auf Aufgabe 1, Übung 3)		
45 Min.	- Ergebnissicherung und praktische Anwendung des Schemas: SuS formulieren in Aufgabe 2 eine Textaufgabe zur Prozentrechnung, welche im Anschluss (s. Aufgabe 3) vom Nachbarn gelöst und dann zurückgetauscht wird.	Formulieren, Lösen (schriftl.)	- Förderung der sozialen Kompetenz durch Sozialform der Partnerarbeit u. das gelernte „Kochrezept" kann direkt angewendet und überprüft werden.
	- Besprechung der Ergebnisse (Aufgabe 4): Diskussion, in der die Erfahrungen mit dem Lösungsschema zuerst in Partnerarbeit, dann im Plenum ausgetauscht werden	Kontrollieren, Diskutieren (mündl.)	
	→ Mit diesen vier Übungen ist neben dem praktischen Lösungsschema auch der fachmathematische Hintergrund thematisiert worden, sodass die Verbindung von Bruch- und Prozentrechnung aufgezeigt werden konnte.		

6

3. Lernzielraster und Übungen

3.1. Lernzielraster 1

Klasse: 7	Thema: Bruchrechnung	Datum:

Aufgaben-stellung	**Formuliere jeweils ein Rätsel mit Hilfe von Bruchzahlen.** Bilde dazu Sätze wie im Beispiel. (Ordne die folgenden Brüche aufsteigend. Löst die Rätsel und schreibt euren Lösungsweg auf.)
Operator/ Sprach-handlung	schriftlich/produktiv „formulieren"
Ausformulierter Erwartungshorizont	Die SuS formulieren drei eigene Rätsel in der folgenden Beispielform: Beispiel: Von 10 Gläsern ist $\frac{1}{5}$ leer. Wie viele Gläser sind leer. 1. Rätsel: Von einem Kuchen (mit 8 Stücken) sind noch $\frac{3}{8}$ übrig. Wie viele Kuchenstücke wurden bereits gegessen? 2. Rätsel: Von einer Schokoladentafel (mit 12 Stücken) ist $\frac{1}{4}$ (oder: ein Viertel) abgebrochen. Wie viele Schokoladenstücke sind noch übrig? 3. Rätsel: Von einem Quader (mit 18 Steinen) sind $\frac{7}{9}$ der Bausteine verloren gegangen. Wie viele Steine fehlen?

Sprachliche Mittel	Wortebene	- Fachwörter: Quader, Bruchzahlen, Viertel - Mehrgliedrige Komposita: Bruchzahlen, Kuchenstücke, Schokoladentafel, … - Proformen: Bausteine - Steine
	Satz- und Textebene	- Redewendung: verloren gehen - Präpositionalphrasen mit Inversion (Von … ist/sind…): Von 10 Gläsern ist $\frac{1}{5}$ leer. Von einem Kuchen sind noch $\frac{3}{8}$ übrig. Von einer Schokoladentafel ist $\frac{1}{4}$ abgebrochen. Von einem Quader sind $\frac{7}{9}$ der Bausteine verloren gegangen. - Symbole: $\frac{1}{5}$, $\frac{3}{8}$, $\frac{1}{4}$, $\frac{7}{9}$, 10, 8, 12, 18 - Hauptsätze - Fragesätze: Wie viele …?

3.2. Übung 1 – Bruchrechnung

1. **Aufgabe**: Ordne die folgenden Brüche aufsteigend.

   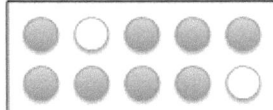 **Tipp**: Suche im Wörterverzeichnis nach dem Wort „aufsteigend".

$\dfrac{1}{2}$	$\dfrac{25}{5}$	$\dfrac{19}{3}$	$-\dfrac{7}{14}$	$\dfrac{42}{6}$	$-\dfrac{112}{7}$

	<	<	<	<	<	

2. **Aufgabe:**

   a. Formuliere zu den folgenden Bildern jeweils ein Rätsel mit Hilfe von Brüchen.

   Bilde dazu Sätze wie im Beispiel.

   <u>Beispiel:</u>

   Rätsel: **Von** 10 Gläsern **ist** $\frac{1}{5}$ **leer.**

   Wie viele Gläser sind leer?

   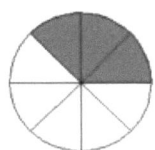

   1. Rätsel:

   Von

   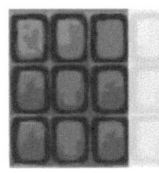

   2. Rätsel:

   3. Rätsel:

b. Tauscht die Aufgabenblätter mit euren Banknachbarn.

Löst die Rätsel des Anderen und schreibt euren Lösungsweg auf.

Beispiel: **Von** 10 Gläsern **ist** $\frac{1}{5}$ **leer.** Wie viele Gläser sind leer?

Lösung: $10 \times \frac{2}{5} = 4$

---

1. Lösung:

---

2. Lösung:

---

3. Lösung:

3.3. Lernzielraster 2

Klasse: 7	Thema: Prozentrechnung	Datum:
Aufgaben-stellung	**Formuliere eine Definition für den Grundwert, den Prozentwert sowie für den Prozentsatz.** (Kreuze an, welche Größe gesucht ist. Trage die richtigen Begriffe in die Definitionen ein. Vergleiche die Definitionen mit deinen eigenständig formulierten Definitionen.)	
Operator/ Sprach-handlung	schriftlich/produktiv „formulieren"	
Ausformulierter Erwartungshorizont	Der Grundwert (G) entspricht immer 100 % und stellt das Ganze dar. Er ist die Ausgangsgröße, auf die sich die Prozentangabe bezieht. Der Prozentsatz (p) gibt an, wie viele Hundertstel des Grundwertes die Prozentangabe beträgt. Er ist die Zahl, die vor dem Prozentzeichen steht. Der Prozentwert (P) gibt an, wie groß der Anteil ist und bestimmt die absolute Größe des Prozentsatzes.	
Sprachliche Mittel	**Wortebene**	- Fachwörter: Grundwert, Prozentsatz, Prozentwert, Hundertstel, Anteil, … - Komposita: Ausgangsgröße, Prozentangabe, Prozentzeichen, Prozentwert, … - Fremdwörter: Definition, Prozent~ - Artikel, Nullartikel: der Grundwert, das Ganze, die Ausgangsgröße, … - Präposition: vor (+ Dativ)
	Satz- und Textebene	- Genitivattribute: Hundertstel des Grundwertes, absolute Größe des Prozentsatzes - fachliche Redewendungen: das Ganze darstellen, die absolute Größe bestimmen - Proformen: der Grundwert – er, die Zahl – die, die Ausgangsgröße – die, … - Nominalphrasen: Der Grundwert …, Der Prozentsatz …, Der Prozentwert … - Hauptsätze + Nebensätze, z. B. Relativsätze: Er ist die Zahl, die … - Fachsymbole: Variablen (G, p, P), %, 100

10

3.4. Übung 2 – Prozentrechnung

 Dieses Straßenschild sagt: Die Straße hat 22 % Gefälle. Das heißt, auf 100 m fällt sie um 22 m.

 Tipp: Ein Prozent ist ein Hundertstel.

Beispielaufgabe: Wie groß ist der Höhenunterschied, wenn eine 500 m lange Straße um 22% fällt?

Lösung: Wir berechnen 22 % von 500 m.

Dabei ist 500 m der Grundwert (G). Ein Gefälle von 22 % ist der Prozentsatz (p). Der gesuchte Höhenunterschied ist dann der Prozentwert (P).

Gegeben: $G = 500\,m$, $p = 22$

Gesucht: $P = ?$

Wir rechnen mit der **Prozentformel:** $P = G \times \frac{p}{100}$

$$P = 500\,m \times \frac{22}{100} = 110\,m$$

Antwortsatz: Der Höhenunterschied beträgt 110 m.

---

1. **Aufgabe:** Kreuze an, welche Größe gesucht ist.

Aufgabenstellung	Welche Größe ist gesucht?		
	Grund-wert G	Prozent-satz p	Prozent-wert P
62,70 hl entsprechen 19% vom Ganzen. Berechne die fehlende Größe!			
Von 38 ha ist ein Teilstück 8,36 ha groß. Berechne die fehlende Größe!			
35% entsprechen 1925 m². Berechne die gesamte Fläche!			
Eine Strecke ist 445 m lang. Paul schafft 34% der Strecke. Wie viele Meter sind das?			
Ein Sparguthaben von 1700 € wird um 20 % erhöht. Wie hoch ist das Gesamtguthaben?			

2. **Aufgabe:** Formuliere jeweils eine Definition für die folgenden Größen.

Prozentwert (P):

Grundwert (G):

Prozentsatz (p):

- Die folgende Aufgabe 3 wird getrennt von Aufgabe 2 ausgegeben. -

3. **Aufgabe:**
   a. Trage die richtigen Begriffe in die Definitionen 1-3 ein.

   Begriffe: (der) Prozentsatz, (der) Grundwert, (der) Prozentwert

   1) Das Ganze gibt den _____ an.
   2) Der _____ gibt an, welcher Anteil vom Ganzen zu bilden ist.
   3) Der _____ gibt an, wie groß der Anteil ist.

b. Vergleiche diese Definitionen mit deinen Definitionen aus der 2. Aufgabe.

3.5. Lernzielraster 3

Klasse: 7	Thema: Prozentrechnung	Datum:
Aufgaben-stellung	**Beschreibe den Lösungsweg der Prozentrechenaufgabe und entwickle ein Lösungsschema.** (Formuliere eine Textaufgabe zur Prozentrechnung. Löse die Prozentrechenaufgabe mit dem Lösungsschema. Kontrolliert die Lösungen.)	
Operator/ Sprach-handlung	schriftlich/produktiv „beschreiben"	
Ausformulierter Erwartungshorizont	Zuerst wurden die notwendigen Informationen aus dem Aufgabentext entnommen und als „gegeben" und „gesucht" aufgeschrieben. Dann wurde die Prozentwertformel notiert und mit dem Faktor 100 erweitert. Danach wurde durch den Grundwert (G) dividiert. Als nächstes wurden konkrete Größen für die Variablen eingesetzt. Daraufhin wurde der Bruch gekürzt. Zum Schluss wurde ein Antwortsatz formuliert.	
Sprachliche Mittel / **Wortebene**	- Fachwörter: Aufgabentext, Prozentwertformel, Faktor, Grundwert, dividiert, Größen, Variablen, Bruch, gekürzt, erweitert, gegeben, gesucht - Komposita: Aufgabentext, Antwortsatz, Grundwert, Prozentwertformel - Fremdwörter: Informationen, Prozent, Faktor, Variable - Artikel: die Informationen, die Prozentwertformel, die Variablen, der Bruch, ein Antwortsatz, …	

13

Satz- und Textebene	- Präpositionen: aus (+ Dativ), durch (+ Akkusativ), für (+ Akkusativ), mit (+ Dativ)
	- fachliche Redewendungen: mit dem Faktor ... erweitern, dividieren durch ..., Variablen einsetzen
	- Verlaufsbeschreibungen: Zuerst ..., Dann ..., Danach ..., Als nächstes ..., Daraufhin ..., Zum Schluss ...
	- Hauptsätze, Hauptsätze + Nebensätze
	- Passivsätze, unpersönliche Form (Form von werden + Partizip II):
	... wurde ... gekürzt, ... wurde ... formuliert, ...
	- Vergangenheitsform (Präteritum)
	- Fachsymbole: Variablen (z.B. G), 100, %

3.6. Übung 3 – Prozentrechnung

1. **Aufgabe:** Beschreibe den Lösungsweg der folgenden Prozentrechenaufgabe, indem du jeweils einen passenden Satz in die Kästchen einträgst.

> **In einer Box befinden sich 200 Lose. Davon sind 76 Gewinne.**
>
> **Wie viel Prozent der Lose sind Gewinne?**

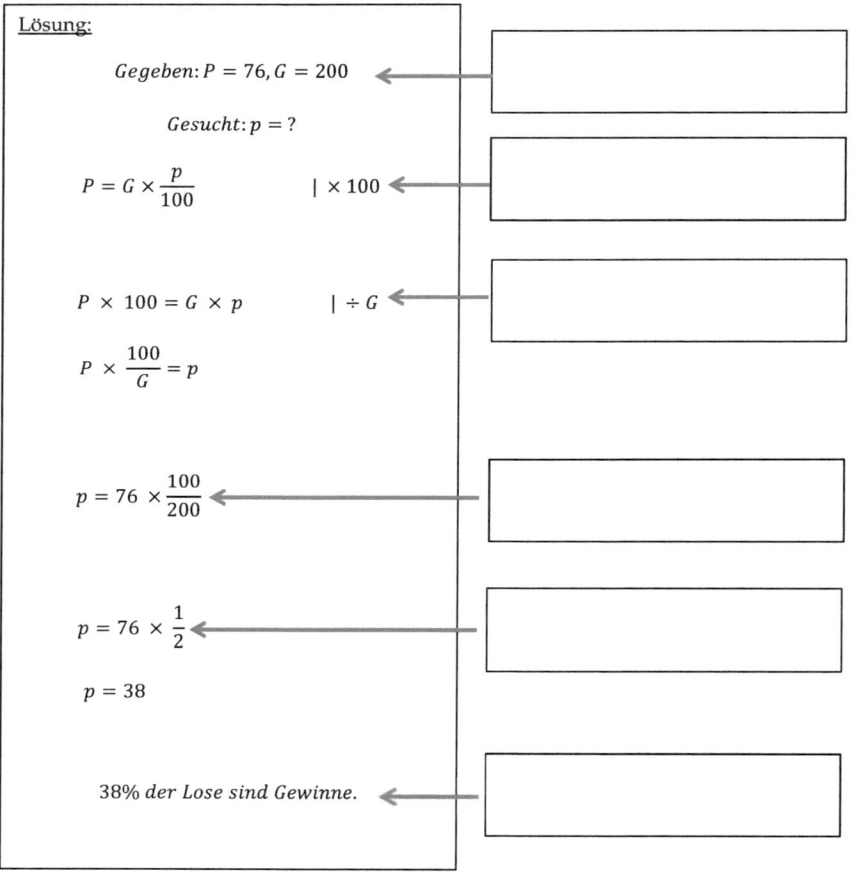

Lösung:

$$Gegeben: P = 76, G = 200 \quad \longleftarrow$$

$$Gesucht: p = ?$$

$$P = G \times \frac{p}{100} \qquad |\times 100 \quad \longleftarrow$$

$$P \times 100 = G \times p \qquad |\div G \quad \longleftarrow$$

$$P \times \frac{100}{G} = p$$

$$p = 76 \times \frac{100}{200} \quad \longleftarrow$$

$$p = 76 \times \frac{1}{2} \quad \longleftarrow$$

$$p = 38$$

$$38\% \ der \ Lose \ sind \ Gewinne. \quad \longleftarrow$$

Tipp: Du findest auf der Rückseite Hinweise!

Folgende Sätze kannst du benutzen:

Der Bruch wurde gekürzt.

Die Prozentwertformel wird mit 100 erweitert.

Die notwendigen Informationen wurden aus dem Text entnommen.

Ein Antwortsatz wurde formuliert.

Für die Variablen wurden konkrete Größen eingesetzt.

Es wurde durch den Grundwert dividiert.

3.7. Übung 4 – Prozentrechnung

Unten ist der Lösungsweg folgender Prozentrechenaufgabe dargestellt:

Aufgabe: Sven macht eine Ausbildung und bekommt nach dem ersten Jahr eine Gehaltserhöhung von 17,5%. Er bekommt damit 113,75 € mehr als vorher. Wie hoch war sein Gehalt im ersten Ausbildungsjahr?

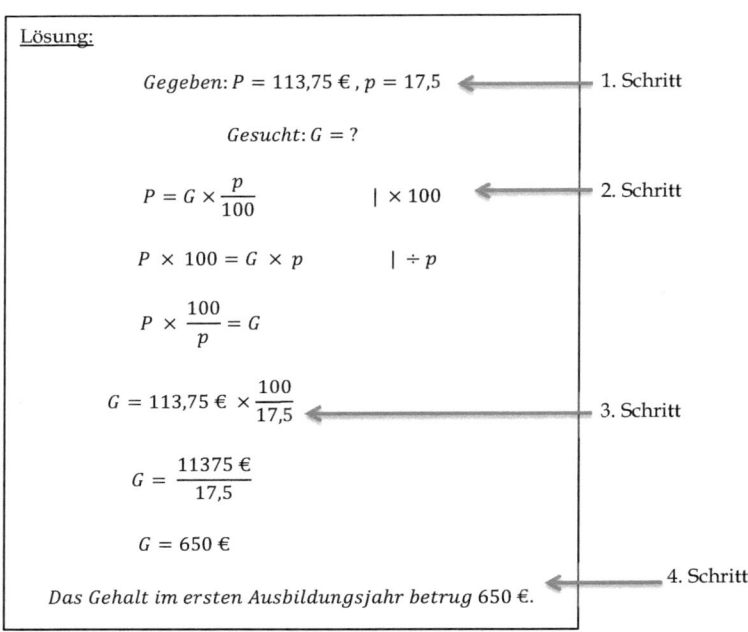

<u>Lösung:</u>

$$Gegeben: P = 113{,}75\ €\ ,\ p = 17{,}5 \qquad \longleftarrow \text{— 1. Schritt}$$

$$Gesucht: G = ?$$

$$P = G \times \frac{p}{100} \qquad\qquad |\times 100 \qquad \longleftarrow \text{— 2. Schritt}$$

$$P \times 100 = G \times p \qquad\qquad |\div p$$

$$P \times \frac{100}{p} = G$$

$$G = 113{,}75\ € \ \times \frac{100}{17{,}5} \qquad \longleftarrow \text{— 3. Schritt}$$

$$G = \frac{11375\ €}{17{,}5}$$

$$G = 650\ €$$

$$\text{— 4. Schritt}$$

Das Gehalt im ersten Ausbildungsjahr betrug 650 €.

1. **Aufgabe:** Erstelle mit Hilfe der obigen Beispielrechnung ein Schema zum Lösen von Prozentrechenaufgaben.

   Tipp: Du kannst die 1. Aufgabe vom Übungsblatt 3 als Hilfe benutzen.

1. Schritt: _____

2. Schritt: _____

3. Schritt: _____

4. Schritt: _____

2. **Aufgabe:** Formuliere eine Textaufgabe zur Prozentrechnung für deinen Nachbarn.

Rätsel:

3. **Aufgabe:** Tausche nun die Aufgabe mit deinem Nachbarn.

Löse die Aufgabe von deinem Nachbarn mit dem Lösungsschema aus der 1.Aufgabe.

Lösung:

1. Schritt:

2. Schritt:

3. Schritt:

4. Schritt:

4. **Aufgabe:** Tauscht eure Aufgabenblätter wieder zurück.

Kontrolliert die Lösungen.

Ihr habt danach 5 Minuten Zeit über eure Ergebnisse zu sprechen.

18

4. Reflexion

Das Thema der Bruch- und Prozentrechnung ist für den weiterführenden Mathematikunterricht bis in die Sekundarstufe II von besonderer Bedeutung, da beispielsweise die Bruchzahlen in vielen weiteren Gebieten Anwendung finden. Die vorhergehenden Übungen dienen dazu, allen Schülerinnen und Schülern den Zugang zu dieser Thematik zu ermöglichen. Dabei wurden insbesondere die unterschiedlichen Sprachkompetenzen berücksichtigt.

Des Weiteren machen die unterschiedlichen sprachlichen Kompetenzen seitens der Schülerinnen und Schüler eine Binnendifferenzierung im Unterricht erforderlich, woher die Notwendigkeit rührt, Lern- und Arbeitsmaterialien mit unterstützenden Maßnahmen für Schülerinnen und Schüler mit Deutsch als Zweitsprache zu versehen, um ihren individuellen Sprachzuwachs zu fördern.

Im Zuge der „DaZ-Förderung im mathematisch-naturwissenschaftlichen Fachunterricht" haben wir für uns wichtige Anregungen erhalten, sprachsensibel mit sprachlich heterogenen Lehr- und Lernsituationen umzugehen. Es wird in Zukunft unsere Aufgabe als Lehrer/in sein, die Lehr- und Lernprozesse im Mathematikunterricht mit Hilfe von unterstützenden Maßnahmen so zu gestalten, dass sich sprachliche Schwierigkeiten von Schülerinnen und Schülern mit Deutsch als Zweitsprache nicht negativ auf das fachliche Lernen auswirken können.

Diese Unterstützung des Sprach-Lernprozesses kann in Form von sprachdidaktischen Übungen erfolgen, wie wir sie in der vorliegenden Arbeit erstellt haben. Dazu gehören beispielsweise Satzbildungsübungen und Übungsformate, die dem Aufbau eines Wortschatzes dienen oder die Produktion von sprachlichen Äußerungen schrittweise unterstützen, indem spezifische sprachliche Mittel (z. B. Fachwörter) zur Verfügung gestellt werden.

In unserem späteren Lehrerdasein werden wir nach Möglichkeit das Gelernte in die Praxis umsetzen und Unterrichtsmaterialien, die an den Lern- und Sprachstand der Schülerinnen und Schüler angepasst sind, gestalten und im Fachunterricht einsetzen.

5. Quellen

➢ Literaturquellen

  o **Senatsverwaltung für Bildung, Jugend und Sport (Hrsg.) (2006):**
    Rahmenlehrplan für die Sekundarstufe I. Jahrgangsstufe 7-10. Mathematik.

➢ Bildquellen

  http://www.upps.at/shop/images/product_images/info_images/24_0.gif

  - Letzter Zugriff: 25.06.13, 13:27 Uhr

  http://onlinemarketing.de/wp-content/uploads/2013/04/200px-glasbutton_tipp.svg_.png

  - Letzter Zugriff: 25.06.13, 22:54 Uhr

6. Anhang

a. Musterlösung von Übung 1

1. **Aufgabe:** Ordne die folgenden Brüche aufsteigend.

   🦉 **Tipp:** Suche im Wörterverzeichnis nach dem Wort „aufsteigend".

$\frac{1}{2}$	$\frac{25}{5}$	$\frac{19}{3}$	$-\frac{7}{14}$	$\frac{42}{6}$	$-\frac{112}{7}$

$$-\frac{112}{7} \; < \; -\frac{7}{14} \; < \; \frac{1}{2} \; < \; \frac{25}{5} \; < \; \frac{19}{3} \; < \; \frac{42}{6}$$

2. **Aufgabe:**

   a. Formuliere zu den folgenden Bildern jeweils ein Rätsel mit Hilfe von Brüchen.

   Bilde dazu Sätze wie im Beispiel.

Beispiel:

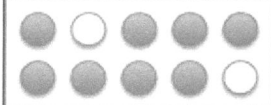

Rätsel: **Von** 10 Gläsern **ist** $\frac{1}{5}$ leer.

Wie viele Gläser sind leer?

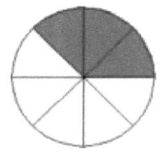

1. Rätsel:

Von einem Kuchen (mit 8 Stücken) sind noch $\frac{3}{8}$ übrig.

Wie viele Kuchenstücke wurden bereits gegessen?

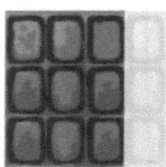

2. Rätsel:

Von einer Tafel Schokolade (mit 12 Stücken) ist $\frac{1}{4}$ abgebrochen.

Wie viele Schokoladenstücke sind noch übrig?

3. Rätsel:

Von einem Quader (mit 18 Steinen) sind $\frac{7}{9}$ der Bausteine verloren gegangen.

Wie viele Bausteine fehlen?

b. Tauscht die Aufgabenblätter mit euren Banknachbarn.

Löst die Rätsel des Anderen und schreibt euren Lösungsweg auf.

<u>Beispiel:</u> **Von** 10 Gläsern **ist** $\frac{1}{5}$ **leer.** Wie viele Gläser sind leer?

<u>Lösung:</u> $10 \times \frac{2}{5} = 4$

---

1. Lösung:

$8 \times \dfrac{3}{8} = 3$

$8 - 3 = 5$

Fünf Kuchenstücke wurden bereits gegessen.

---

2. Lösung:

$12 \times \dfrac{1}{4} = 3$

$12 - 3 = 9$

Neun Schokoladenstücke sind noch übrig.

---

3. Lösung:

$18 \times \dfrac{7}{9} = 14$

$18 - 14 = 4$

Vier Bausteine fehlen.

b. Musterlösung von Übung 2

 Dieses Straßenschild sagt: Die Straße hat 22 % Gefälle. Das heißt, auf 100 m fällt sie um 22 m.

💡 **Tipp:** Ein Prozent ist ein Hundertstel.

> **Beispielaufgabe:** Wie groß ist der Höhenunterschied, wenn eine 500 m lange Straße um 22% fällt?
>
> **Lösung:** Wir berechnen 22 % von 500 m.
>
> Dabei ist 500 m der Grundwert (G). Ein Gefälle von 22 % ist der Prozentsatz (p). Der gesuchte Höhenunterschied ist dann der Prozentwert (P).
>
> Gegeben: $G = 500\,m$, $p = 22$
>
> Gesucht: $P = ?$
>
> Wir rechnen mit der **Prozentformel:** $P = G \times \dfrac{p}{100}$
>
> $$P = 500\,m \times \frac{22}{100} = 110\,m$$
>
> Antwortsatz: Der Höhenunterschied beträgt 110 m.

1. Aufgabe: Kreuze an, welche Größe gesucht ist.

Aufgabenstellung	Welche Größe ist gesucht?		
	Grund-wert G	Prozent-satz p	Prozent-wert P
62,70 hl entsprechen 19% vom Ganzen. Berechne die fehlende Größe!	✓		
Von 38 ha ist ein Teilstück 8,36 ha groß. Berechne die fehlende Größe!		✓	
35% entsprechen 1925 m². Berechne die gesamte Fläche!	✓		
Eine Strecke ist 445 m lang. Paul schafft 34% der Strecke. Wie viele Meter sind das?			✓
Ein Sparguthaben von 1700 € wird um 20 % erhöht. Wie hoch ist das Gesamtguthaben?			✓

2. Aufgabe: Formuliere jeweils eine Definition für die folgenden Größen.

Grundwert (G):

Das Ganze stellt den Grundwert dar. Der Grundwert entspricht immer 100 %.

Prozentwert (P):

Der Prozentwert gibt an, wie groß der Anteil ist.

Prozentsatz (p):

Der Prozentsatz gibt an, welcher Anteil vom Ganzen zu bilden ist.

- Die folgende Aufgabe 3 wird getrennt von Aufgabe 2 ausgegeben. -

3. Aufgabe:

a. Trage die richtigen Begriffe in die Definitionen 1-3 ein.

Begriffe: (der) Prozentsatz, (der) Grundwert, (der) Prozentwert

4) Das Ganze gibt den <u>*Grundwert*</u> an.
5) Der <u>*Prozentsatz*</u> gibt an, welcher Anteil vom Ganzen zu bilden ist.
6) Der <u>*Prozentwert*</u> gibt an, wie groß der Anteil ist.

b. Vergleiche diese Definitionen mit deinen Definitionen aus der 2. Aufgabe.

c. Musterlösung von Übung 3

1. **Aufgabe:** Beschreibe den Lösungsweg der folgenden Prozentrechenaufgabe, indem du jeweils einen passenden Satz in die Kästchen einträgst.

> **In einer Box befinden sich 200 Lose. Davon sind 76 Gewinne.**
>
> **Wie viel Prozent der Lose sind Gewinne?**

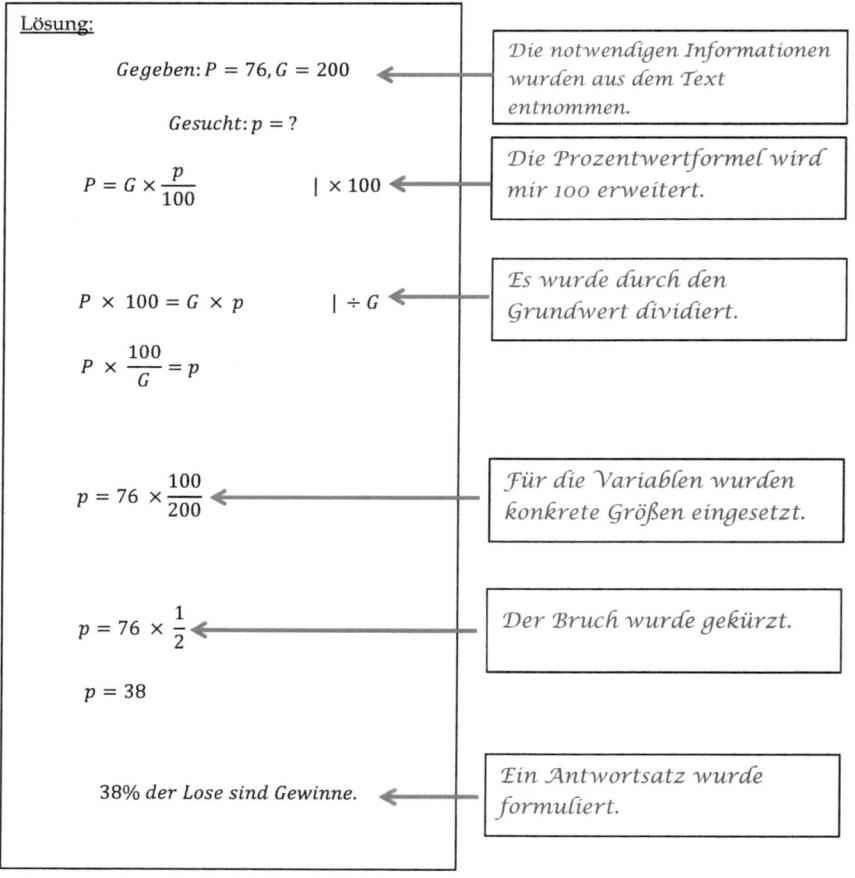

Lösung:

$$\text{Gegeben: } P = 76, G = 200$$

Die notwendigen Informationen wurden aus dem Text entnommen.

$$\text{Gesucht: } p = ?$$

$$P = G \times \frac{p}{100} \qquad | \times 100$$

Die Prozentwertformel wird mir 100 erweitert.

$$P \times 100 = G \times p \qquad | \div G$$

Es wurde durch den Grundwert dividiert.

$$P \times \frac{100}{G} = p$$

$$p = 76 \times \frac{100}{200}$$

Für die Variablen wurden konkrete Größen eingesetzt.

$$p = 76 \times \frac{1}{2}$$

Der Bruch wurde gekürzt.

$$p = 38$$

$$38\% \text{ der Lose sind Gewinne.}$$

Ein Antwortsatz wurde formuliert.

💡 **Tipp:** Du findest auf der Rückseite Hinweise!

d. Musterlösung von Übung 4

Unten ist der Lösungsweg folgender Prozentrechenaufgabe dargestellt:

Aufgabe: Sven macht eine Ausbildung und bekommt nach dem ersten Jahr eine Gehaltserhöhung von 17,5%. Er bekommt damit 113,75 € mehr als vorher. Wie hoch war sein Gehalt im ersten Ausbildungsjahr?

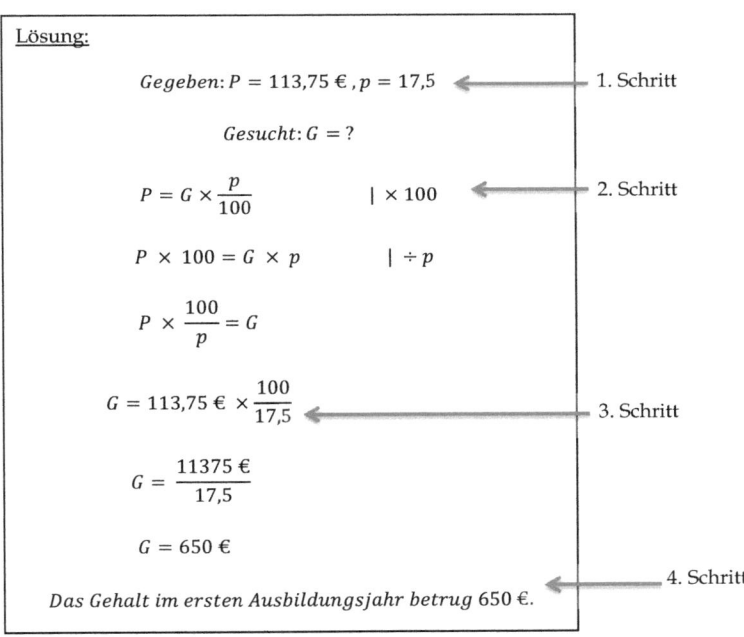

Lösung:

$$Gegeben: P = 113,75 \, €, p = 17,5$$ ← 1. Schritt

$$Gesucht: G = ?$$

$$P = G \times \frac{p}{100} \qquad | \times 100$$ ← 2. Schritt

$$P \times 100 = G \times p \qquad | \div p$$

$$P \times \frac{100}{p} = G$$

$$G = 113,75 \, € \times \frac{100}{17,5}$$ ← 3. Schritt

$$G = \frac{11375 \, €}{17,5}$$

$$G = 650 \, €$$

← 4. Schritt

Das Gehalt im ersten Ausbildungsjahr betrug 650 €.

1. Aufgabe: Erstelle mit Hilfe der obigen Beispielrechnung ein Schema zum Lösen von Prozentrechenaufgaben.

Tipp: Du kannst die 1. Aufgabe vom Übungsblatt 3 als Hilfe benutzen.

1. Schritt: *Die notwendigen Informationen wurden aus dem Text entnommen.*

2. Schritt: *Die Prozentwertformel wird mit 100 erweitert.*

3. Schritt: *Für die Variablen wurden konkrete Größen eingesetzt.*

4. Schritt: *Ein Antwortsatz wurde formuliert.*

2. **Aufgabe:** Formuliere eine Textaufgabe zur Prozentrechnung für deinen Nachbarn.

> Rätsel:
>
> *Beim Kauf einer Reise werden 25 % des Gesamtpreises angezahlt. Das entspricht einem Preis von 423 €. Wie hoch ist der Preis der Reise insgesamt?*

3. **Aufgabe:** Tausche nun die Aufgabe mit deinem Nachbarn.

   Löse die Aufgabe von deinem Nachbarn mit dem Lösungsschema aus der 1.Aufgabe.

> Lösung:
>
> **1. Schritt:** *Die notwendigen Informationen wurden aus dem Text entnommen.*
>
> *Gegeben: P = 423 €, p = 30, Gesucht: G = ?*
>
> **2. Schritt:** *Die Prozentwertformel wird mit 100 erweitert.*
>
> $$P = G \times \frac{p}{100} \qquad\qquad | \times 100$$
>
> $$P \times 100 = G \times p \qquad\qquad | \div p$$
>
> $$P \times \frac{100}{p} = G$$
>
> **3. Schritt:** *Für die Variablen wurden konkrete Größen eingesetzt.*
>
> $$G = 423\ € \times \frac{100}{25}$$
>
> $$G = 1692\ €$$
>
> **4. Schritt:** *Ein Antwortsatz wurde formuliert.*
>
> *Der Preis der Reise beträgt 1692 €.*

4. **Aufgabe:** Tauscht eure Aufgabenblätter wieder zurück.

Kontrolliert die Lösungen.

Ihr habt danach 5 Minuten Zeit über eure Ergebnisse zu sprechen.